BEI GRIN MACHT SICH IHR WISSEN BEZAHLT

- Wir veröffentlichen Ihre Hausarbeit, Bachelor- und Masterarbeit

- Ihr eigenes eBook und Buch - weltweit in allen wichtigen Shops

- Verdienen Sie an jedem Verkauf

Jetzt bei www.GRIN.com hochladen und kostenlos publizieren

Sebastian Brumann

Möglichkeiten und Probleme der Begriffsbestimmung und Abgrenzung des Mittelmeerraums

GRIN Verlag

Bibliografische Information der Deutschen Nationalbibliothek:

Die Deutsche Bibliothek verzeichnet diese Publikation in der Deutschen National-
bibliografie; detaillierte bibliografische Daten sind im Internet über http://dnb.d-
nb.de/ abrufbar.

Impressum:

Copyright © 2013 GRIN Verlag GmbH
Druck und Bindung: Books on Demand GmbH, Norderstedt Germany
ISBN: 978-3-656-84260-6

Dieses Buch bei GRIN:

http://www.grin.com/de/e-book/284619/moeglichkeiten-und-probleme-der-
begriffsbestimmung-und-abgrenzung-des-mittelmeerraums

Universität Augsburg

Fakultät für Angewandte Informatik

Institut für Geographie

Möglichkeiten und Probleme der Begriffsbestimmung und Abgrenzung des Mittelmeerraums

HS „Physische Geographie des Mittelmeerraums" SS2013

Brumann, Sebastian

Lehramt Realschule, 6. Fachsemester

Deutsch/Geographie

Abgabetermin: 09.04.2013

Inhaltsverzeichnis

Abbildungsverzeichnis..III

0   Eine Anmerkung zur Methodik 1

1   Einleitung...1

2   Zum Begriff des Mittelmeers / des Mittelmeerraums.................................2

3   Möglichkeiten und Probleme der Abgrenzung des Mittelmeerraums 3

   3.1   Abgrenzung anhand des Klimas 3

   3.2   Abgrenzung anhand der Vegetation...6

   3.3   Abgrenzung anhand des Reliefs 12

   3.4   Abgrenzung anhand des Mittelmeerbeckens selbst 13

4   Zusammenfassung und Fazit..17

Literaturverzeichnis 18

Abbildungsverzeichnis

Abbildung 1: Der isoklimatische Mittelmeerraum nach Daget 4

Abbildung 2: Das Mittelmeerklima in der Klassifikation nach Köppen 5

Abbildung 3: Das Mittelmeerklima in der Klassifikation nach Troll & Paffen 5

Abbildung 4: Die Verbreitung der Steineiche im Mittelmeerraum 8

Abbildung 5: Die Verbreitung des Ölbaums im Mittelmeerraum 9

Abbildung 6: Die Verbreitung mediterran-typischer Eichen- und Kiefernarten im Mittelmeerraum 10

Abbildung 7: Die bioklimatische Abgrenzung des Mittelmeerraums nach Blondel & Aronson 12

Abbildung 8: Die Gebirge des Europäischen Mittelmeerraums 13

Abbildung 9: Die Anrainerstaaten des Mittelmeers 14

Abbildung 10: Administrative Regionen entlang der Mittelmeerküste 15

Abbildung 11: Das hydrologische Becken des Mittelmeers 16

0   Eine Anmerkung zur Methodik

Das Ziel dieser Arbeit ist es, eine Überblicksdarstellung der vielen Möglichkeiten einer Bestimmung und Abgrenzung des Mittelmeerraums zu geben. Einschlägige Ansätze werden daher thematisch geordnet nebeneinandergestellt, aufeinander bezogen und auf ihre Vor- und Nachteile hin kurz diskutiert. Für eine erleichterte Vorstellbarkeit werden dabei die schriftlichen Ausführungen durch zahlreiche Abbildungen ergänzt, um die räumliche Gestalt der einzelnen Definitionen für den Leser zu verdeutlichen.

1   Einleitung

„Physische Geographie des Mittelmeerraums" – es scheint klar, worum es hier geht: Der Mittelmeerraum soll unter Aspekten und Fragestellungen der physischen Geographie untersucht werden. Doch während Einigkeit darüber herrscht, was die Inhalte der physischen Geographie sind – sie „beschäftigt sich mit den physikalisch-naturgesetzlichen Erscheinungen der verschiedenen Sphären der Erde" (Glaser & Radtke 2011, S. 227), also der Litho-, Atmo-, Pedo-, Hydro- und Biosphäre – verhält es sich mit dem zu untersuchenden Raum, dem Mittelmeerraum, weit weniger eindeutig. Seit jeher nämlich bereitet die Abgrenzung desselben den Wissenschaftlern, die sich daran versuchen, einige Schwierigkeiten. Das zeigt sich nicht zuletzt an der Vielzahl von unterschiedlichen Definitionen: Wirft man einen Blick in die einschlägige Literatur des 19. und 20. Jahrhunderts, so gewinnt man den Eindruck, es gebe von ihnen ebenso viele, wie Autoren, die über diesen Raum schreiben (vgl. etwa Drude 1884 / Walker 1962 / Carrington 1971 / Robinson 1973 / Branigan & Jarrett 1975 / Daget 1977 / Blondel & Aronson 1999). Dies ist zunächst der Tatsache geschuldet, dass im Laufe der Zeit die Konzepte zur Abgrenzung räumlicher Einheiten – hier des Mittelmeerraums – immer wieder Veränderungen erfahren haben. Vor allem aber werden unterschiedliche Konzepte der Abgrenzung zu Grunde gelegt, je nachdem, in welcher Disziplin der jeweilige Autor tätig ist und welchen Aspekt oder welche der Sphären des Raumes er untersucht (vgl. Marquina & Brauch 2001, S. 27). Und nicht zuletzt erschwert die Frage, ob der Mittelmeerraum überhaupt als eine Einheit gesehen werden kann, das Vorgehen. Als Resultat existiert heute keine allgemein anerkannte, omnivalente Definition des Mittelmeerraums (vgl. Marquina & Brauch 2001, S. 25). Die nachstehende Arbeit versucht, vor dem Hintergrund dieser Schwierigkeiten einen Überblick über einzelne Möglichkeiten der physisch-geographischen Abgrenzung des Mittelmeerraums und ihre jeweiligen Probleme zu geben. Zum besseren Verständnis soll dazu zunächst eine Klärung der Begriffe „Mittelmeer" und „Mediterran" folgen.

2 Zum Begriff des Mittelmeers / des Mittelmeerraums

Schon der Begriff „Mittelmeer" selbst bedarf einer Klärung, denn er wird heute nicht mehr nur als Bezeichnung für das Europa, Asien und Afrika verbindende Meer gebraucht. Nach Hofrichter handelt es sich bei Mittelmeeren um eine Form der Nebenmeere, wenn diese vom Ozean topographisch derart getrennt sind, dass sie „weitgehend von Landmassen eingeschlossen, von untermeerischen Schwellen abgeschnürt und durch schmale Meerengen mit dem Ozean verbunden [sind]" (Hofrichter 2001, S. 27). Ist das betreffende Meer von den Landmassen eines einzigen Kontinents umschlossen, dann handelt es sich um ein ‚intrakontinentales' Mittelmeer, so zum Beispiel das Rote Meer oder die Hudson Bay. Verbindet das Meer aber die Landmassen mehrerer Kontinente miteinander, dann spricht man von einem ‚interkontinentalen' Mittelmeer. Zu den letzteren gehört neben dem Antarktischen, dem Australasiatischen und dem Amerikanischen auch das Europäische Mittelmeer, welches für alle Mittelmeere namensgebend war (vgl. Hofrichter 2001, S. 27). Für dieses etablierten sich über die Zeit unterschiedliche Bezeichnungen. So brachte bereits Plinius' Bezeichnung *Mare internum* – das ‚innere Meer' – den Aspekt der Umschlossenheit zum Ausdruck. Bei den Römern trug es den Namen *Mare nostrum* – ‚unser Meer' – woraus sich schließlich der treffende Begriff des *Mare mediterraneum*, also des ‚Meeres zwischen den Ländern' oder auch ‚mittelländischen Meeres' entwickelte (vgl. Hofrichter 2001, S. 30f / Robinson 1973, S. 1 / Blondel & Aronson, S. 4 / Branigan & Jarrett 1975, S. 3). Diese Bezeichnung ist auch heute noch in vielen Sprachen verbreitet: So wird das Mittelmeer im Spanischen als „mar mediterráneo" (Rodríguez Martínez 1982, S. 1 et passim) bezeichnet, der Mittelmeerraum heißt im Englischen „The Mediterranean Lands" (Robinson 1973, S. 1 et passim) und auch im Deutschen spricht man etwa von „mediterranem Klima" (Hofrichter 2001, S. 32). Doch gerade aus dem weit verbreiteten Begriff ‚mediterran' ergibt sich ein weiteres Problem. Dieser kann nämlich im engsten Sinne „das Becken der ehemaligen Tethys, soweit es noch vom Meer gefüllt ist" (Reisigl 2001, S. 199) meinen, im weitesten Sinne aus klimatologischer Perspektive aber auch den Klimatypus der subtropischen Winterregengebiete, der auf den Westseiten aller fünf Kontinente vertreten ist (vgl. Hofrichter 2001, S. 32, 196 / Müller-Hohenstein 1981, S. 126). Aufgrund der dargelegten Begriffsunschärfen werden für ein eindeutiges Verständnis in dieser Arbeit die Begriffe ‚Mittelmeer' und ‚Mittelmeerraum' stets in Bezug auf das Europäische Mittelmeer verwendet – dieses müsste korrekterweise als europäisch-asiatisch-afrikanisches Mittelmeer bezeichnet werden, worauf hier der Einfachheit halber verzichtet wird (vgl. Hofrichter 2001, S. 31). Wenn nicht anders angegeben, bezieht sich die Bezeichnung ‚mediterran' im weiteren Sinne auf mediterrane Verhältnisse im Allgemeinen, denen das Klima zu Grunde liegt und die damit auch über den europäischen Mittelmeerraum hinausgehend auf anderen Kontinenten vertreten sind.

3 Möglichkeiten und Probleme der Abgrenzung des Mittelmeerraums

Bereits eingangs stellte sich die Frage, inwiefern es möglich sei, den Mittelmeerraum als eine zusammenhängende Gesamtheit aufzufassen, wie es ja durch die zahlreichen Autoren immer wieder versucht wurde. Die Frage ist insofern berechtigt, da selbiger zum Teil nicht unerhebliche Diversität aufweist. Neben einem grundsätzlichen West-Ost- und Nord-Süd-Kontinuum, mit dem sich die naturräumlichen Verhältnisse in Abhängigkeit vom Klima über den Mittelmeerraum hinweg ändern, bestehen in kleinräumlicher Hinsicht auch örtliche Unterschiede in Klima, Vegetation, anthropogener Überprägung etc. (vgl. Wagner 2001, S. 3ff / Hofrichter 2001, S. 30 / King 1997, S. 6ff). Tatsächlich besteht aber ein weitgehender Konsens darüber, dass von einer geographischen Einheit gesprochen werden darf, denn bei einer großräumlichen Betrachtung liegen in allen Teilgebieten des Mittelmeerraums ähnliche physisch-geographische Strukturen vor (vgl. Wagner 2001, S. 1). Es lassen sich mehrere Faktoren identifizieren, die diese weitgehende Unität bedingen: Zunächst sind dies die Tektonik und Reliefentwicklung, weil sie durch die formenden Prozesse entlang der euro-asiatisch-afrikanischen Bruchzone einerseits das Mittelmeerbecken selbst als verbindendes Element der umliegenden Festlandbereiche geschaffen haben und damit zugleich auch die charakteristischen topographischen Strukturen rund um das Becken hervorgerufen haben (vgl. Wagner 2001, S. 4 / King 1997, S. 8 / Robinson 1973, S. 5f). Auch die Vegetation stellt mit ihrer spezifischen, für den Mittelmeerraum kennzeichnenden Zusammensetzung ein wichtiges gemeinsames Merkmal dar (vgl. King 1997, S. 8 / Wagner 2001, S. 3). Als das stärkste vereinheitlichende Element aber gilt das Klima, denn es steht im Allgemeinen hierarchisch an der Spitze der Hauptkomponenten von Ökosystemen. Entsprechend hat das mediterrane Klima auch im Mittelmeerraum die typischen Ausprägungen von Relief, Bodenbildung, Hydrologie, biologischer Zusammensetzung und auch Landnutzung maßgeblich beeinflusst (vgl. Schultz 2008, S. 25 / Hofrichter et al. 2001, S. 105).

3.1 Abgrenzung anhand des Klimas

Somit empfiehlt sich an erster Stelle das Klima als mögliches Kriterium der Abgrenzung des Mittelmeerraums. Generell handelt es sich bei dem mediterranen Klima um ein Übergangsklima zwischen den weiter polwärts gelegenen kalttemperierten und den äquatorwärts vorzufindenden tropischen Klimaten (vgl. Blondel & Aronson 1999, S. 21 / Wagner 2001, S. 3 / Reisigl 2001, S. 196). Dieses Klima zeichnet sich im Allgemeinen durch kühle, feuchte Winter und heiße, trockene Sommer aus (vgl. Robinson 1973, S. 45f / Branigan & Jarrett 1975, S. 31 / Blondel & Aronson 1999, S. 21 / Hofrichter 2001, S. 32 / Wagner 2001, S. 3) und lässt sich je nach Autor unterschiedlich genau charakterisieren. Eine sehr weite Definition stammt von Emberger aus dem Jahr 1930 und wurde später von Daget kartiert. Als einziges Kriterium liegt dieser in Abbildung 1 dargestellten, ‚isoklimatischen' Abgrenzung zu Grunde, dass der Sommer die trockenste Jahreszeit ist und dass während dieser Zeit eine Periode effektiver physiologischer Trockenheit vorherrscht (vgl. Blondel & Aronson 1999, S. 16 / Daget 1977, S. 1). Entsprechend groß ist auch das Gebiet, auf das diese Beschreibung zutrifft: Zwischen 8 und 9,5 Mio. km² umfasst hier der Mittelmeerraum und schließt die höchsten Lagen der Gebirge ebenso mit ein wie angrenzende Steppenregionen. So fallen unter Embergers und Dagets Definition auch die zentralasiatischen Steppen bis zum Aralsee und Industal, große Teile der Arabischen Halbinsel und der nördliche Teil der Sahara (vgl. Blondel & Aronson 1999, S. 16 / Reisigl 2001, S. 204).

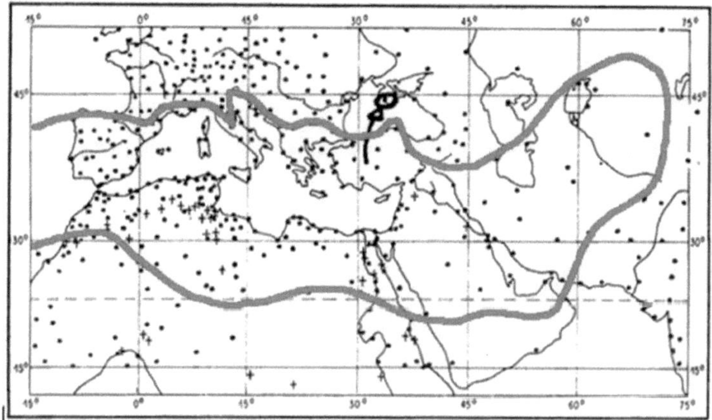

Abbildung 1: Der isoklimatische Mittelmeerraum nach Daget
Quelle: verändert nach Daget 1977, S. 2.

Eine solche unscharfe Grenzziehung scheint zur Identifikation des Mittelmeerraumes nur wenig zulänglich. Möchte man aber beim Klima als Definitionsgrundlage für den Mittelmeerraum bleiben, dann macht es Sinn, konkretere Parameter als Kriterien für die Abgrenzung heranzuziehen. Orientierung können hierbei auch Klimaklassifikationen geben, die ursprünglich nicht für die Definition des Mittelmeerraumes intendiert waren. So trägt etwa in der effektiven Klimaklassifikation von Wladimir Köppen, die das Klima der Erde zonal zu gliedern versucht, der dem Mittelmeerraum entsprechende Klimatypus die Bezeichnung ‚Csa'. Für ihn ist festgelegt, dass im kältesten Monat die Temperaturen durchschnittlich nicht unter einen Wert von -3 °C fallen, die Trockenzeit in den Sommer der betreffenden Halbkugel fällt und die Temperatur im wärmsten Monat über 22 °C beträgt. Wie Abbildung 2 zeigt, ergibt sich daraus ein sehr viel enger begrenzter Raum, als bei Emberger und Daget. Die Nordsahara oder die Arabische Halbinsel etwa lassen sich somit klimatisch aus dem Mittelmeerraum klar ausschließen und auch eine

Unterscheidung von den weiteren mediterranen Westseitenklimaten anderer Kontinente –
bei Köppen bezeichnet mit ‚Csb' – lässt sich vornehmen. Dennoch setzt sich auch hier
das ‚Csa'-Klima nach Osten hin bis weit in den asiatischen Kontinent fort (vgl.
Westermann Kartographie 2008, S. 229 / Harding et al. 2009, S. 69).

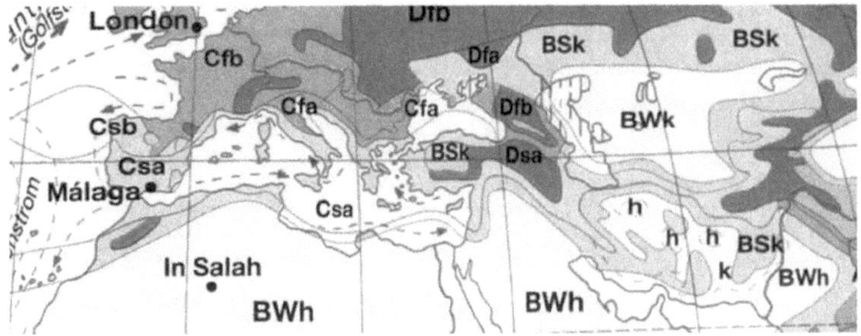

Abbildung 2: Das Mittelmeerklima in der Klassifikation nach Köppen
Quelle: verändert nach Westermann Kartographie 2008, S. 229.

Noch differenzierter gehen Troll und Paffen in ihrer ebenfalls effektiven Klassifikation der
„Jahreszeitenklimate' vor. Dort werden die auch im Mittelmeerraum vorherrschenden
„winterfeuchte[n], sommertrockene[n] Mediterranklimate" (Westermann Kartographie
2008, S. 228) des Typs ‚IV 1' unterschieden vom Typ ‚IV 2', der sich durch eine
Sommerdürre anstatt -trockenheit abhebt. Aus Abbildung 3 wird ersichtlich, dass es diese
Unterscheidung erlaubt, die zentralasiatischen Steppen vom Mittelmeerraum
auszuschließen, von denen Teile in Köppens ‚Csa'-Klima noch einbezogen waren.
Jedoch findet hier keine Differenzierung zu den Mediterranräumen der übrigen
Kontinente statt (vgl. Westermann Kartographie 2008, S. 228f).

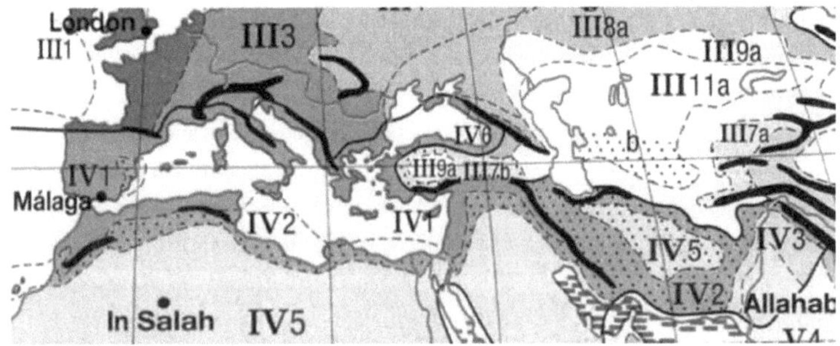

Abbildung 3: Das Mittelmeerklima in der Klassifikation nach Troll & Paffen
Quelle: verändert nach Westermann Kartographie 2008, S. 228.

Gewiss besteht die Möglichkeit, auf der Grundlage von noch strikteren Kriterien noch schärfere klimatische Grenzlinien um den Mittelmeerraum zu ziehen und damit angrenzende, als nicht-mediterran erachtete Regionen auszuschließen. Manche Autoren haben dies auch durch die Heranziehung strenger Werte für Temperatur und Jahresniederschlag getan. Allerdings führt eine solche Definition meist zu einer sehr engen Grenzziehung entlang eines schmalen Küstenstreifens, der dann zum Beispiel die höheren Lagen der zahlreichen Küstengebirge auch ausschließt (vgl. Blondel & Aronson 1999, S. 16).

Insgesamt muss festgehalten werden, dass eine rein klimatische Abgrenzung des Mittelmeerraums einige Probleme bereitet: Zunächst zeigt sich anhand der oben aufgeführten Ansätze, dass eine deutliche Abgrenzung des europäischen Mittelmeerraums von den mediterranen Zonen Kaliforniens, Chiles, der südafrikanischen Kap-Region sowie West- und Südwestaustraliens nur anhand des Klimas äußerst schwer fällt. Ferner wird bei der Betrachtung von Klimazonen oder auch ‚isoklimatischen‘ Räumen eine Region stets als homogener Gesamtraum betrachtet. Eine kleinräumliche Differenzierung des Klimas kann nicht berücksichtigt werden. Allerdings weist gerade der Mittelmeerraum teils deutliche regionale Klimavariationen auf. Diese bestehen etwa in den Einflussgebieten winterlicher kalter Nordwinde oder auch heißer Südwinde – der ‚Mistral‘ aus dem Rhônetal sowie der ‚Scirocco‘ aus der Sahara seien jeweils als Beispiel genannt – durch welche örtliche Besonderheiten der naturräumlichen Bedingungen erzeugt werden (vgl. Reisigl 2001, S. 199). Und auch die rund um das ehemalige Tethys-Becken angeordneten Gebirge verursachen Differenzen innerhalb des Mittelmeerklimas, denn das regionale Klima ändert sich mit den Höhenstufen; Zudem bestehen Gegensätze zwischen den trockeneren Leeseiten und den regenbegünstigten Luvseiten (vgl. Blondel & Aronson 1999, S. 17 / Reisigl 2001, S. 199, 206ff). Rein klimatologisch begründete Abgrenzungsversuche schaffen es also nicht, den komplexen Witterungsverlauf innerhalb des Mittelmeerraums, vor allem auch in seiner Wirkung auf den Naturraum, zufriedenstellend zu erklären und konnten sich aus ebendiesem Grund auch nicht durchsetzen (vgl. Reisigl 2001, S. 199).

3.2 Abgrenzung anhand der Vegetation

Eine andere Möglichkeit der Definition des Mittelmeerraums besteht in der Betrachtung der Vegetation. Die Vegetation wird in ihrer Artzusammensetzung, ihrem Erscheinungsbild und ihren räumlichen Verteilungsmustern von den Gegebenheiten des von ihr besiedelten Raumes bedingt (vgl. Glawion 2011, S. 532ff / Schmitt 2011, S. 542 / Schmitt & Schmitt 2011, S. 553). Dabei übt das Klima als hierarchisch übergeordneter Faktor einen maßgeblichen Einfluss aus. Denn einerseits werden auch die anderen Ökosystem-Komponenten wie Relief oder Böden, von denen die Vegetation abhängig ist, durch das Klima mitdeterminiert (vgl. Schultz 2008, S. 25). Vor allem aber besteht eine direkte Abhängigkeit der Vegetation vom Klima selbst. Für den Mittelmeerraum bedeutet dies, dass das Überleben einer Art nur dann möglich ist, wenn sie an den vorherrschenden Klimatypus mit kühlen, feuchten Wintern und heißen, trockenen Sommern optimal angepasst ist (vgl. Blondel & Aronson 1999, S. 14). Da der mediterrane Klimatypus nur in wenigen anderen Gebieten der Erde vorkommt, die darüber hinaus durch ganze Ozeane oder Kontinente vom Mittelmeerraum getrennt sind, konnten sich in letzterem viele endemische Arten entwickeln, deren Zahl auf über 7.600 geschätzt wird (vgl. Reisigl 2001, S. 197, nach Costa 1997). Logisch erscheint in diesem Zusammenhang ein Ansatz, der von zahlreichen Autoren in der Vergangenheit immer wieder in unterschiedlicher Form verfolgt wurde: Sogenannte ‚Bioindikatoren‘, die als besonders angepasst an die klimatischen Ausgangsbedingungen gelten und daher nur unter denselben vorkommen, stellen einen verlässlichen Hinweis auf das Bestehen typisch mediterraner Ökosysteme dar – entsprechend können ihre räumlichen Verbreitungsgrenzen allgemein als Grenzen der Mediterranräume und hinsichtlich des euro-asiatisch-afrikanischen Mediterranraumes als Begrenzung des Mittelmeerraums verstanden werden (vgl. Blondel & Aronson 1999, S. 14 / Reisigl 2001, S. 196ff / King 1997, S. 4). Gleich mehrere Pflanzenarten kommen als solche Indikatoren in Frage und sollen daher nachfolgend kurz auf ihre Zulänglichkeit als ‚Grenzzieherpflanze‘ hin diskutiert werden.

Oscar Drude wählte 1884 *Quercus ilex*, die Steineiche, als Indikatorpflanze zur Begrenzung des mediterranen Pflanzenreichs (vgl. Blondel & Aronson 1999, S. 14). Sie zählt zu den sklerophyllen, also immergrünen, Hartlaub tragenden Arten. Durch die wächsernen Blätter verfügt sie über ein hervorragendes Wasserspeicherungssystem für die trocken-heißen Sommer und kommt zugleich durch ihre Frostanfälligkeit außerhalb des Mittelmeerraums mit seinen kühl-feuchten Wintern nicht vor. Die Steineiche erlaubt eine vergleichsweise scharfe Grenzziehung, da sie südlich einer Breitenlage von etwa 43° Nord und unterhalb von 600-800m über dem Meeresspiegel sehr plötzlich auftaucht. An den in Abbildung 4 dargestellten geographischen Verbreitungsgrenzen von *Quercus ilex* lassen sich allerdings auch Probleme ausmachen, die eine Heranziehung dieser Art als Abgrenzungskriterium für den Mittelmeerraum erschweren: Die Steineiche ist entlang weiter Teile des östlichen Mittelmeerbeckens nicht oder nur kaum verbreitet, überdies ist sie auch der französischen Atlantikküste am Golf von Biskaya sowie in Aquitanien entlang der Rhône und vereinzelt in der nördlichen Türkei am Schwarzen Meer vertreten (vgl. Walker 1962, S. 38 / Branigan & Jarrett 1975, S. 81 / King 1997, S. 4 / Blondel & Aronson 1999, S. 14f / Reisigl 2001, S. 201f).

Abbildung 4: Die Verbreitung der Steineiche im Mittelmeerraum
Quelle: Reisigl 2001, S. 201.

Geeigneter scheint in dieser Hinsicht *Olea europaea*, der Oliven- oder Ölbaum. Sein vergleichsweise homogenes Verbreitungsareal, wie es in Abbildung 5 dargestellt ist, deckt sich gut mit den meisten anderen Definitionsversuchen des Mittelmeerraums, weshalb er als wichtigster ‚Grenzzieher' gilt. Schon Plinius der Ältere nutzte zu seinen Lebzeiten, kurz nach Christi Geburt, das Areal der Kultivierung des Ölbaums, um die Grenzen des Mittelmeerraums zu definieren. Er ist auch heute noch „eine Leitform mediterraner Landschaften [und] bedeckt nach Rikli ein Areal von 6 Millionen Hektar" (Reisigl 2001, S. 220), denn mit dem Mittelmeerklima findet er Idealbedingungen vor. Die Sommertrockenheit nämlich ist es, die für die Speicherung von Öl in den Früchten und dicken sklerophyllen, jenen von *Quercus ilex* sehr ähnlichen Blättern verantwortlich ist. Und das tief reichende Wurzelwerk kann die Pflanze selbst auf felsigem Untergrund noch mit Feuchtigkeit versorgen (vgl. Blondel & Aronson 1999, S. 14 / King 1997, S. 4 / Reisigl 2001, S. 220). *Olea europaea* könnte also als der Indikator schlechthin für mittelmeertypische Ökosysteme gesehen werden und damit eine befriedigende Abgrenzung des Mittelmeerraums liefern. Allerdings muss auch seine Eignung in Frage gestellt werden. Denn eine biogeographische Region mit Hilfe einer Kulturpflanze zu definieren, darf als äußerst kontrovers betrachtet werden. Zwar gilt als gesichert, dass der Ölbaum seinen Ursprung im östlichen Mittelmeerraum hat, allerdings wird auch vermutet, dass er das italienische Festland nicht vor dem 6. Jahrhundert vor Christus erreichte (vgl. Reisigl 2001, S. 220). Die ursprüngliche, natürliche Verbreitung von *Olea europaea* entspricht also nicht der heutigen, durch menschliche Kultivierung der Pflanze bedingten. Vor diesem Hintergrund ist also auch die Olive letztlich nicht zulänglich, den Mittelmeerraum in physisch-geographischer Hinsicht zu definieren. Für eine naturräumliche Abgrenzung sollte also der Blick wieder auf native Arten des Raumes gerichtet werden (vgl. Blondel & Aronson 1999, S. 14 / King 1997, S. 4 / Reisigl 2001, S. 220).

Abbildung 5: Die Verbreitung des Ölbaums im Mittelmeerraum
Quelle: Reisigl 2001, S. 201.

Wie bereits am Beispiel der Steineiche gezeigt wurde, ist eine Definition durch die Habitate einzelner Arten schwierig. Aus diesem Grund haben einige Autoren – etwa Emberger oder Flahaut (vgl. Blondel & Aronson 1999, S. 15) – von bestimmten ‚Grenzzieher'-Spezies abgesehen und stattdessen Pflanzengesellschaften aus mehreren verwandten oder in ihren physiologischen Anpassungserscheinungen ähnlichen Arten herangezogen. Dieses Vorgehen bringt einen großen Vorteil mit sich: Während einzelne Arten nur äußerst selten ein Verbreitungsgebiet aufweisen, das sich homogen über den gesamten Mittelmeerraum erstreckt, kann dieser durch die kombinierte Betrachtung einander ähnlicher Spezies umfassend abgedeckt werden. Am Beispiel der in Abbildung 6 dargestellten verschiedenen Kiefern- sowie Eichenarten wird dieser Umstand deutlich. Dort wo die Verbreitungsgebiete der Stein- und Korkeiche (*Quercus ilex* und *Quercus suber*) im östlichen Mittelmeerraum enden, werden sie von der Kermeseiche (*Quercus coccifera*) abgelöst. Und auch die Habitate unterschiedlicher Kiefernarten – hier die Bruttische Kiefer (*Pinus brutia*), die Panzerkiefer (*Pinus heldreichii*), die Aleppokiefer (*Pinus halepensis*) und verschiedene Schwarzkiefern (*Pinus nigra*) – ergänzen sich in ihrer Verteilung rund um das Mittelmeerbecken. So lässt sich durch die Orientierung an Komplexen von Kiefernarten oder immergrünen Eichen das ganze Mittelmeergebiet umfassen. Als Kriterium gilt dann das Vorkommen einer als diagnostisch betrachteten Art – eben etwa *Quercus ilex* – und/oder eng verwandter Arten. Noch einheitlicher gestaltet sich das Bild, wenn zusätzlich zur Artverwandtschaft auch noch auf Grund physiologischer Merkmale ähnliche Arten in die ‚Indikator-Gesellschaften' mit einbezogen werden. Zum Beispiel teilen die Steineichen ihre sklerophylle Blattstruktur mit vielen anderen Taxa, darunter der Lorbeerbaum (*Laurus nobilis*), die Pistazie (*Pistacia lentiscus*) oder verschiedene Spezies des Erdbeerbaums (*Arbutus spp.*). Nimmt man diese Pflanzen zusammen, dann bilden sie ein dichtes, immergrünes Baum- und Strauchland, das für den ganzen Mittelmeerraum charakteristisch ist und das in ähnlicher Form außerhalb desselben nur in den anderen Mediterrangebieten der Erde vorkommen kann (vgl. Blondel & Aronson 1999, S. 14f / Reisigl 2001, S. 200f / King 2001, S. 4).

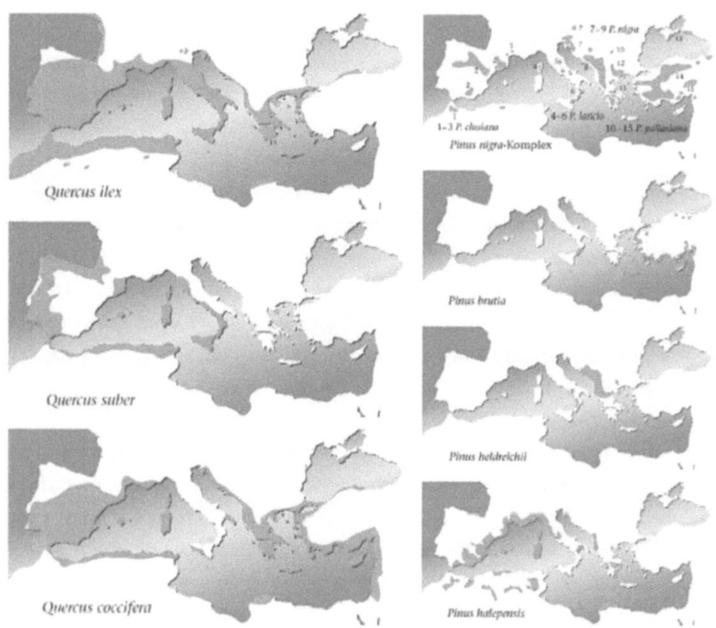

Abbildung 6: Die Verbreitung mediterran-typischer Eichen- und Kiefernarten im Mittelmeerraum

Quelle: Reisigl 2001, S. 200f.

Auch wenn sich dieser Ansatz als sehr anwendungsfreundlich erwiesen hat, lässt auch er eine Schwäche erkennen: In biogeographischer Hinsicht ist zu berücksichtigen, dass die Vegetation des Mittelmeerraums nicht allein auf der Basis etwa von immergrünem Baum- und Strauchland definiert werden kann. Im Gegenteil, auch wenn es sich dabei um die dominierende Vegetationsform handelt, sind im selben Gebiet auch viele andere Pflanzengesellschaften verbreitet. So kann man etwa verschiedene Koniferen vorfinden – als Beispiel können neben den bereits erwähnten Kiefern auch bestimmte Tannenarten (*Abies spp.*) gelten – oder auch Laubbäume, die ihr Blätterkleid wie die Wälder der kühlgemäßigten Breiten im Herbst verlieren (vgl. Blondel & Aronson 1999, S. 15f).

Welche dieser Gesellschaften örtlich vertreten sind, hängt vor allem von bestimmten Klimafaktoren ab. Weiter oben wurde bereits thematisiert, dass der Mittelmeerraum in dieser Hinsicht zahlreiche regionale Unterschiede aufweist, da sich das Klima mit der

Höhenlage und Hangexposition ändert. Darüber hinaus besteht auch ein Klima-Kontinuum von Nordwesten nach Südosten, innerhalb dessen die Verhältnisse zunehmend trockener werden. Daher erscheinen sogenannte ‚bioklimatische' Annäherungen an eine Definition des Mittelmeerraums sinnvoll, wie sie etwa Henri Gaussen und andere Autoren vorgenommen haben. Dabei wird der Mittelmeerraum zwar als Gesamtraum betrachtet, aber in eine Folge von mediterranen Sub-Zonen eingeteilt. Diese werden durch eine klimatologische Analyse in Verbindung mit der Identifikation von zonentypischen Pflanzengesellschaften festgelegt – zwei oder mehrere Arten, deren kleinklimatisch bedingtes gemeinsames Vorkommen eindeutig die jeweilige Zone indiziert. Abhängig von der Höhenlage über dem Meeresspiegel, Breitenlage im Gradnetz und Hanglage – auf der feuchteren Nord- oder trockeneren Südseite – lösen sich die so entstandenen bioklimatischen Zonen innerhalb des Mittelmeerraums gegenseitig ab. Diese Serie reicht schließlich von Typen hyper-arider Vegetationszonen über aride und semi-aride bis hin zu sub-humiden, humiden und per-humiden (vgl. Blondel & Aronson 1999, S. 16 / Reisigl 2001, S.206f). Doch auch im Rahmen einer bioklimatischen Erschließung des Mittelmeerraums ergeben sich Schwierigkeiten, denn die zur Identifizierung der einzelnen mediterranen Zonen verwendeten Indikator-Pflanzen kommen zum Teil auch außerhalb des Mittelmeerraums vor. Somit ließe sich typisch mediterrane Vegetation auch in den Bergen der Zentralsahara und des Irans sowie beiderseits des südlichen Roten Meeres ausmachen. Ferner stellen Gebirge ein Problem dar, deren eine Seite bioklimatisch eindeutig mediterran, die andere Seite nicht-mediterran ist. Und ebenso verhält es sich mit Regionen, deren ursprüngliche Vegetation durch menschlichen Einfluss stark verändert wurde und damit zur bioklimatischen Einordnung eigentlich nicht mehr heranziehbar ist (vgl. Blondel & Aronson 1999, S. 17).

Diesen Problemen versuchen Jacques Blondel und James Aronson beizukommen, indem sie, aufbauend auf bioklimatischen Kriterien, die streitbaren Räume arbiträr aber begründet entweder in den Mittelmeerraum ein- oder aus demselben ausschließen. In ihrer Definition sind die Höhenstufen der mediterranen Gebirge bis in die höchsten Lagen mit einbezogen. So zählen sie etwa auch die östlichsten Pyrenäen und den größten Teil des Apennins zum Mittelmeerraum, obwohl sie nicht über ein einheitlich mediterranes Klima verfügen. Auch die sogenannte ‚Makaronesische Region', also die Kanarischen Inseln und Madeira, werden von den Autoren in die Definition eingeschlossen, da in dieser Region großenteils das typische Mediterranklima vorherrscht und weil ihre Vegetation Rückschlüsse auf Taxa erlaubt, die während des Miozän und Pliozän im gesamten Mittelmeerraum verbreitet waren. Hingegen werden die Steppen außerhalb des ersten ‚Ringes' der euro-mediterranen Gebirge gezielt ausgeklammert. Insgesamt wird durch diesen kompromittierenden Ansatz ein Gebiet eingegrenzt, das ungefähr 2,3 Mio. km² und 18 Staaten umfasst (vgl. Blondel & Aronson 1999, S. 17f). Einen Überblick über diese Abgrenzung gibt Abbildung 7.

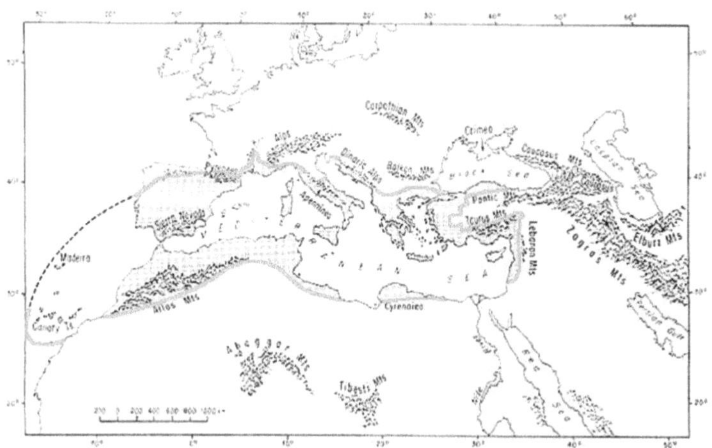

Abbildung 7: Die bioklimatische Abgrenzung des Mittelmeerraums nach Blondel & Aronson

Quelle: verändert nach Blondel & Aronson 1999, S. 11.

3.3 Abgrenzung anhand des Reliefs

Der Mittelmeerraum weist eine „Landoberfläche in wechselvoller Differenzierung von schmalen Küstenzonen, stark zertaltem Bergland, Plateaus, Gebirgen, intramontanen Becken und bis über 3000m hoch aufragenden Gipfeln" (Wagner 2001, S. 4) auf. Einleitend in Kapitel 3 wurde der Mittelmeerraum hinsichtlich seiner Topographie aber dennoch zutreffend als Einheit beschrieben, denn diese topographische Differenzierung ist im gesamten Gebiet des Mittelmeerraums derart flächenhaft verbreitet, dass sich dadurch ein sehr einheitliches Bild ergibt (vgl. Wagner 2001, S. 4). Ähnliche tektonische Strukturen bestehen zum Beispiel auf der Iberischen Halbinsel, in Kleinasien und Nordwestafrika, dem sogenannten Maghreb (vgl. King 1997, S. 8). Der Grund dafür sind die zahlreichen Gebirgsketten, die das Mittelmeer umgeben – die Sierra Nevada, die Alpen, die Pyrenäen, der Apennin, die Dinarischen Alpen, das Pindosgebirge, der Taurus, das Libanon-Gebirge, der Atlas, das Rif und weitere (vgl. Branigan & Jarrett 1975, S. 11ff / Blondel & Aronson 1999, S. 10). Abbildung 7 und 8 zeigen die Lokalisation der einzelnen Gebirgszüge um das Mittelmeer. Sie entstanden durch die Kollision der sich aufeinander zu bewegenden Afrikanischen und Eurasischen Kontinentalplatten, die das ehemalige Tethys-Becken zu seinem heutigen Rest, dem Mittelmeer, zusammenschob und dabei die umgebenden Küsten zu hohen Gebirgsketten auffaltete (vgl. Branigan & Jarrett 1975, S. 10). Letztere bilden auch heute noch geologische Grenzen zu den umliegenden Landschaften und konturieren einen schmalen Bereich um das Mittelmeerbecken, der sich durch die fast vollständige Abwesenheit von Flachland und meist steile Hänge auszeichnet. Da die küstennahen Gebirge mit Ausnahme eines flachen Landschaftsstreifens zwischen Tunesien und der Sinai-Halbinsel um das gesamte Mittelmeer herum vertreten sind, haben einige Autoren sogar die Bezeichnung ‚Sea-among-the-Mountains' vorgeschlagen (vgl. Blondel & Aronson 1999, S. 10).

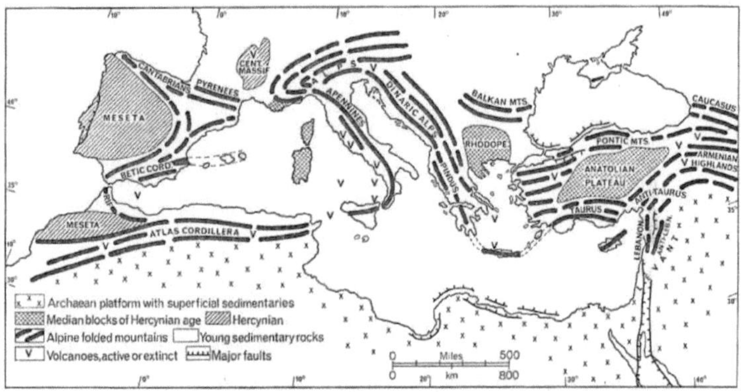

Abbildung 8: Die Gebirge des Europäischen Mittelmeerraums
Quelle: Branigan & Jarrett 1975, S. 14.

Die Gebirgsketten des Mittelmeerraums erlauben eine exakte und scharfe Grenzziehung. Allerdings ist ein so abgegrenzter Raum zum Teil nur schlecht mit anderen Kriterien vereinbar. Wie aus den vorangegangenen Ausführungen bereits deutlich wurde, lässt sich gerade mit dem Klima ein raumprägender und -vereinheitlichender Faktor ausmachen, der über diese geologischen Grenzen hinausgeht. Daher scheint also auch das Relief als Definitionsgrundlage nur bedingt zulänglich. Allerdings soll auch nicht unerwähnt bleiben, dass sich etwa die Verbreitungsgebiete der Olive und anderer als ‚Grenzzieher' bemühter Pflanzen tatsächlich auf den Raum innerhalb des Rings aus Gebirgsketten beschränken (vgl. Robinson 1973, S. 4 / Reisigl 2001, S. 200f).

3.4 Abgrenzung anhand des Mittelmeerbeckens selbst

Ein mehr oder minder offensichtliches Kriterium, das den Mittelmeerraum zu einem Gesamtraum verbindet, wurde bisher noch nicht angesprochen. Es handelt sich dabei um das Mittelmeer selbst. Das wassergefüllte Becken verbindet die Küsten aller angrenzenden Teilräume sowie die zahlreichen Inseln miteinander. Wohl aus diesem Grund definieren einige als ‚klassisch' geltende Werke den Mittelmeerraum über das Meeresbecken: Walker (1962, S. vii-xi), Robinson (1973, S. v-vii, 1f) und auch Branigan & Jarrett (1975, S. iii, vi-viii) legen eine Definition zu Grunde, die alle Anrainerstaaten in den Mittelmeerraum einschließt, also all jene, zu deren Territorium auch ein Küstenabschnitt am Mittelmeerbecken zählt. Allerdings wird dieses Kriterium nicht ganz konsequent angewandt, denn auch Portugal und Jordanien werden von den Autoren zum Mittelmeerraum gerechnet, wobei ersteres lediglich über eine Küste zum Atlantik verfügt und letzteres gänzlich von Land umgeben ist (vgl. Walker 1962, S. 126ff, 451f / Robinson 1973, S. 158ff, 371ff / Branigan & Jarrett 1975, S. 237ff, 572ff). Der so entstehende Raum – dargestellt in Abbildung 9 – erstreckt sich über ein riesiges Gebiet.

Abbildung 9: Die Anrainerstaaten des Mittelmeers
Quelle: King 1997, S. 3.

Betrachtet man diesen Raum vor dem Hintergrund der bisherigen, klima- und vegetationsgeographischen sowie geologischen Überlegungen zur naturräumlichen Abgrenzung, dann fällt – neben den streitbaren Fällen Portugal und Jordanien – die Problematik einer solchen ‚Anrainerdefinition‘ ins Auge. Viele der ans Mittelmeerbecken angrenzenden Staaten erstrecken sich über Gebiete, die physisch-geographisch aus dem Mittelmeerraum auszuschließen sind. So reicht zum Beispiel der größere Teil Frankreichs ins nördliche Europa hinein, Algerien und Libyen sowie Ägypten erstrecken sich tief in die Sahara und Syrien nach Mesopotamien. Und auch auf dem Balkan fallen etwa Teile von Kroatien oder Serbien – letzteres wird in Abbildung 9 noch unter der Bezeichnung ‚Yugoslavia‘ geführt – in Nicht-Mittelmeergebiet, da sie sich auf der abgewandten Seite der Dinarischen Alpen befinden (vgl. King 1997, S. 2f / Westermann Kartographie 2008, S. 124f, 138f).

Eine engere und daher zutreffendere Definition, die sich auch an den Küsten des Mittelmeers orientiert, stammt von Grenon und Batisse aus dem Jahr 1989. Sie beschäftigen sich in ihrem Buch mit Fragestellungen des sogenannten ‚Blue Plan' oder ‚Plan Bleu', einer sozio-ökonomischen Planungsinitiative der UNESCO, welche die gemeinsamen naturräumlichen und ressourcenbezogenen Probleme des Mittelmeerraums zu erfassen versucht (vgl. King 1997, S. 2 / Plan Bleu 2013). Als Grundlage der Einbeziehung einer Region in den definierten Raum verwenden sie die Nähe zum Meer in zwei unterschiedlichen Varianten. Die erste davon ähnelt den ‚Anrainerdefinitionen' von Walker, Robinson und Branigan & Jarrett, denn auch sie definiert administrative Raumeinheiten mit einer Mittelmeerküste als dem Mittelmeerraum zugehörig. Allerdings fallen darunter nun nicht mehr ganze Staaten, sondern lediglich administrativ begrenzte Regionen innerhalb der Staaten, die Anteil an der Küste haben (vgl. King 1997, S. 3ff / Marquina & Brauch 2001, S. 29, 34). Aus Abbildung 10 wird ersichtlich, dass der so umgrenzte Raum wesentlich kleiner ist und sich tatsächlich nur auf die Küstengebiete beschränkt.

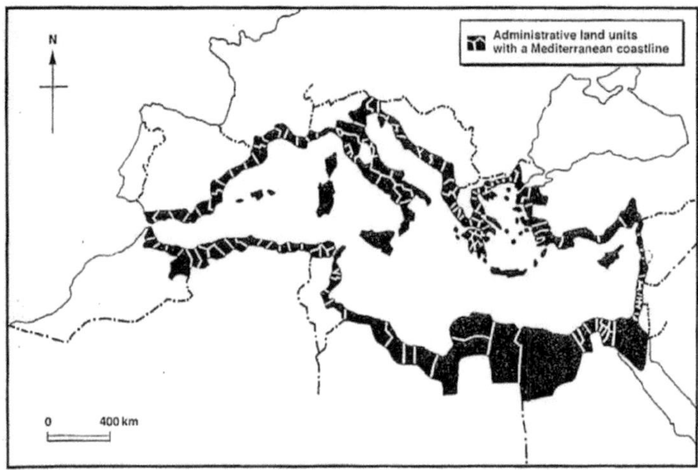

Abbildung 10: Administrative Regionen entlang der Mittelmeerküste
Quelle: Marquina & Brauch 2001, S.29, nach Grenon & Batisse 1989.

Generell sollte aber in Frage gestellt werden, ob es überhaupt möglich ist, einen Naturraum durch administrative Grenzen zu erfassen. Die in Abbildung 9 und 10 jeweils dargestellten Räume unterscheiden sich signifikant von allen zuvor betrachteten naturräumlichen Definitionen. Weder die Anrainerstaaten, noch die administrativen Küstenregionen scheinen also geeignet, um den Mittelmeerraum vor einem physisch-geographischen Hintergrund abzugrenzen. Soll aber die Nähe zum Meer und die Idee einer ‚Küstenzone' als Kriterium beibehalten werden, dann bietet die zweite Variante der ‚Blue Plan'-Definition eine praktikable Möglichkeit. Sie legt ein ‚hydrologisches Becken' zu Grunde, das aus dem Mittelmeer und einem Küstenbereich besteht. Abbildung 11 zeigt diesen Küstenbereich, der von den Flüssen, die in das Mittelmeer entwässern, und von deren Einzugsgebieten gebildet wird (vgl. King 1997, S. 3f / Marquina & Brauch 2001, S. 29, 34). Die Flüsse des hydrologischen Mittelmeerbeckens entspringen fast ausnahmslos den umliegenden Gebirgsketten – eine Ausnahme stellt der Nil dar – und sind für den euro-mediterranen Naturraum von großer Bedeutung: In den höheren Lagen fällt vor allem in den weniger heißen Gebieten des Mittelmeerraums im Winter Schnee, der dann im Frühjahr wieder abschmilzt. Als Folge verfügen viele Flüsse über ein nivo-pluviales oder pluvio-nivales Regime, das den von ihnen durchflossenen Gebieten im Frühjahr und gerade auch im Sommer, während der Trockenperiode, wertvolles Wasser zukommen lässt (vgl. Beckinsale & Beckinsale 1975, S. 32ff, 39f). Auf Grund dieser direkten Wirkung auf die Ökosysteme des Mittelmeers erweist sich eine Abgrenzung, welche die Flüsse mit einbezieht, vor allem hinsichtlich hydrologischer Fragestellungen als geeignet – trotz der Ausklammerung von Teilen der iberischen Halbinsel.

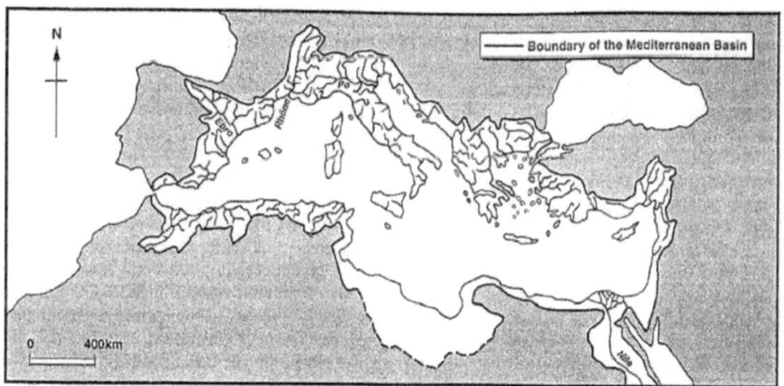

Abbildung 11: Das hydrologische Becken des Mittelmeers
Quelle: King 1997, S. 4.

Ein letzter Aspekt soll an dieser Stelle nicht unangesprochen bleiben: Neben den anderen aufgezählten Räumen, die sich als streitbar herausgestellt haben – darunter fallen etwa Makaronesien (vgl. Drude 1884, S. 43f / Blondel & Aronson 1999, S. 17f), Portugal und Jordanien (vgl. King 1997, S. 3), die höheren Lagen der Gebirge (vgl. Blondel & Aronson 1999, S. 17), oder auch die angrenzenden Steppenregionen (vgl. Daget 1977, S. 1f / Westermann Kartographie 2008, S. 228f) – wird auch das Schwarze Meer nicht immer eindeutig aus dem Mittelmeerraum ausgeschlossen. Da gerade seine südliche Küste teilweise klimatologische und biologische Affinität mit dem Mittelmeerraum aufweist, liegt es nahe, das Schwarze Meer oder Teile davon zum hydrologischen Becken des Mittelmeerraums zu rechnen. Da aber mit den Dardanellen und dem Bosporus zwei extrem enge Schwellen zwischen den beiden Meeren liegen, kann der Austausch von Wassermassen als marginal und das Schwarze Meer damit als nicht integraler Part des Mittelmeers angesehen werden (vgl. Rodríguez Martínez 1982, S. 28f / Carrington 1971, S. 14 / Hofrichter 2001, S. 29).

4 Zusammenfassung und Fazit

Bereits eingangs wurde darauf hingewiesen, dass bis heute keine einzige allgemein anerkannte Definition für den Mittelmeerraum existiert. Hinsichtlich der aufgezeigten Schwierigkeiten ist dieser Umstand auch nicht weiter verwunderlich. Jedoch sollte abschließend die Frage gestellt werden, ob eine solche ‚Einheitsdefinition' überhaupt nötig ist. Der Vorteil einer Abgrenzung, die auf der synthetischen Betrachtung aller relevanter raumbezogener Kriterien beruht, bestünde darin, dass damit ein einheitliches und allgemein akzeptiertes Konzept des Mittelmeerraums geschaffen würde, auf das sich Wissenschaftler berufen können. Doch für die wissenschaftliche Praxis wiegt die Anwendbarkeit einer Definition für den jeweils verfolgten Zweck stärker. Wird also die Physische Geographie des Mittelmeerraums betrachtet, dann erscheint es wenig sinnvoll, ökonomische, politische oder sozialgeographische Kriterien in eine Definition mit einzubeziehen – außer dort, wo die unmittelbaren Zusammenhänge mit dem Naturraum für den jeweils betrachteten Sachverhalt von Bedeutung sind. Und zum Beispiel für Fragestellungen der Klimatologie, Biogeographie oder Hydrologie kann es praktikabler sein, rein klimatologische, biologische oder hydrologische Arbeitsdefinitionen zu Grunde zu legen, die andere naturräumliche Aspekte bewusst unberücksichtigt lassen. Nichtsdestotrotz lohnt es insgesamt aber, sich mit der Gesamtheit der definitorischen Ansätze zu beschäftigen. Denn durch den vielperspektivischen Blick auf den Mittelmeerraum, der sich auf diese Weise gewinnen lässt, wird dessen Einheit, vor allem aber seiner Komplexität Rechnung getragen.

Literaturverzeichnis

Beckinsale M., Beckinsale R. (1975): Southern Europe. The Mediterranean and Alpine Lands. London.

Blondel J., Aronson J. (1999): Biology and Wildlife of the Mediterranean Region. New York.

Branigan J.J., Jarrett H. R. (1975): The Mediterranean Lands. 2. Aufl., London.

Carrington R. (1971): The Mediterranean. London.

Daget P. (1977): Le bioclimat mediterraneen: Caracteres generaux, modes de caracterisation. In: Vegetatio 34 (1), S. 1-20.
http://www.google.de/url?sa=t&rct=j&q=&esrc=s&source=web&cd=1&cad=rja&ved=0CDYQFjAA&url=http%3A%2F%2Flink.springer.com%2Fcontent%2Fpdf%2F10.1007%2FBF00119883&ei=62thUe3cEdH3sgbM8YCoAQ&usg=AFQjCNEMzgDhcyxJmHfEfaeA830bMuwbRA&bvm=bv.44770516,d.Yms (02.04.2013).

Drude O. (1884): Die Florenreiche der Erde. Darstellung der gegenwärtigen Verbreitungsverhältnisse der Pflanzen. In: Behm E. [Hrsg.]: Petermanns Mitteilungen. Ergänzungsband XVI, Heft 74. Gotha.

Glaser R., Radtke U. (2011): Allgemeine Physische Geographie. In: Gebhardt H., Glaser R., Radtke U., Reuber P. [Hrsg.] (2011): Geographie. Physische Geographie und Humangeographie. 2. Aufl., München, S. 227-229.

Glawion R. (2011): Die Wirkung der primären Standortfaktoren. In: Gebhardt H., Glaser R., Radtke U., Reuber P. [Hrsg.] (2011): Geographie. Physische Geographie und Humangeographie. 2. Aufl., München, S. 532-542.

Harding A., Palutikof J., Holt T. (2009): The Climate System. In: Woodward J. [Hrsg.]: The Physical Geography of the Mediterranean. New York.

Hofrichter R. (2001): Einführung. In: Hofrichter R. [Hrsg.]: Das Mittelmeer. Fauna, Flora, Ökologie. Bd.1. Allgemeiner Teil. Heidelberg, Berlin, S. 22-55.

Hofrichter R., Kern W., Beckel L., Domnig I., Zankl A., Hein A. (2001): Geographie und Klima. In: Hofrichter R. [Hrsg.]: Das Mittelmeer. Fauna, Flora, Ökologie. Bd.1. Allgemeiner Teil. Heidelberg, Berlin, S. 102-195.

King R. (1997): Introduction: An Essay on Mediterraneanism. In: King R., Proudfoot L., Smith B. [Hrsg.]: The Mediterranean. Environment and Society. London, New York.

Marquina A., Brauch H. G. [Hrsg.] (2001): The Mediterranean Space and its Borders. Geography, Politics, Economics and Environment. Madrid, Mosbach.

Plan Bleu [Hrsg.] (2013): Mission. In: PLANBLEU.ORG, letztes Update am 12. März 2013. http://www.planbleu.org/planBleu/missionUk.html (03.04.2013).

Reisigl H. (2001): Vegetationslandschaften und Flora des Mittelmeerraumes. In: Hofrichter R. [Hrsg.]: Das Mittelmeer. Fauna, Flora, Ökologie. Bd.1. Allgemeiner Teil. Heidelberg, Berlin, S. 196-257.

Rodríguez Martínez J. (1982): oceanografía del mar mediterráneo. Madrid.

Robinson H. (1973): Mediterranean Lands. 4. Aufl., London.

Schmitt T. (2011): Biotische Einflüsse. In: Gebhardt H., Glaser R., Radtke U., Reuber P. [Hrsg.] (2011): Geographie. Physische Geographie und Humangeographie. 2. Aufl., München, S. 542-544.

Schmitt E., Schmitt T. (2011): Klassifikation und Raummuster von Biozönosen. In: Gebhardt H., Glaser R., Radtke U., Reuber P. [Hrsg.] (2011): Geographie. Physische Geographie und Humangeographie. 2. Aufl., München, S. 552-566.

Schultz J. (2008): Die Ökozonen der Erde. 4., völlig neu bearbeitete Auflage. Stuttgart.

Wagner H.-G. (2011): Mittelmeerraum. 2., vollst. überarb. Aufl., Darmstadt.

Walker D. S. (1962): The Mediterranean Lands. 2. Aufl., London.